大自然的肖像
——万物有智慧

[法]埃里克·马蒂韦/著　　[法]玛琳·诺曼/绘　　吴筱睿/译

人民文学出版社　天天出版社

著作权合同登记：图字 01-2022-0842

Copyright 2021.by Éditions Nathan-SEJER-Paris,France.
Édition originale:HÉROÏQUES written by Éric Mathivet and illustrated by Marlène Normand

图书在版编目（CIP）数据

大自然的肖像：万物有智慧 / (法) 埃里克·马蒂韦著；

(法) 玛琳·诺曼绘；吴筱睿译. -- 北京：天天出版社，2022.10

ISBN 978-7-5016-1897-2

Ⅰ.①大… Ⅱ.①埃… ②玛… ③吴… Ⅲ.①自然科学—少儿读物 Ⅳ.①N49

中国版本图书馆CIP数据核字(2022)第156831号

责任编辑: 冀　晨　　　　　　　　美术编辑: 曲　蒙
责任印制: 康远超　张　璞

出版发行: 天天出版社有限责任公司
地址: 北京市东城区东中街 42 号　　　　　邮编: 100027
市场部: 010-64169902　　　　　传真: 010-64169902
网址: http://www.tiantianpublishing.com
邮箱: tiantiancbs@163.com

印刷: 北京博海升彩色印刷有限公司　　　经销: 全国新华书店等
开本: 787*1092　1/16　　　　　　　　印张: 10
版次: 2022 年 10 月北京第 1 版　印次: 2022 年 10 月第 1 次印刷
字数: 100 千字

书号: 978-7-5016-1897-2　　　　　　　定价: 108.00 元

目录

鼓舞人心的动物

耀眼的名字

投身其中的人们

为什么要
尊重并保护大自然和生命呢?

为什么要
互相支持与帮助呢?

我们这样做并不是为了证明自己是个好人，而是因为这对物种繁衍来说非常重要。其实，自然界中的无私主义和互助主义比我们想象的要多得多。生物并不是只能被分为捕食者、猎物和寄生虫，在这个世界上，合作远比竞争多！而随着合作的发展，甚至连不会走动的植物都在其中扮演着重要的角色。

　　我们都知道，海豚和狗是乐于助人的典型，但其实蜜蜂、蚂蚁，甚至老鼠、獾这些动物都懂得如何合作。每个物种都有自己的本领，其互助的方式也不尽相同。

　　这24位"英雄"或著名或无名，它/他们都拥有包容对方、保护同伴以及忠诚的特点。它/他们的所作所为让地球家园变得更和谐、更美丽、更可持续。

鼓舞人心的动物

团结的蜜蜂
加油，姑娘们！

日本蜜蜂对亚洲大黄蜂的反击

一个蜂巢里栖息着数以万计的蜜蜂。
夏天，会有非常多的蜜蜂盘旋在蜂巢周围，它们发出"嗡嗡"的声音，
往来于花丛和蜂巢之间，同时也吸引着捕食者的目光。
为了保护蜂巢，蜜蜂会用毒刺攻击敌人，但面对某些鸟类或者大型昆虫，
比如亚洲大黄蜂，这种防御手段是无效的。
亚洲大黄蜂会对欧洲蜜蜂造成威胁，
但日本蜜蜂知道如何团结起来抵抗它们。

如果蜂巢太过
拥挤，那么就得分出
一个新的蜂群。

感觉太
挤了……

所有的蜜蜂都是蜂后的孩子，蜂后的个头儿最大。
夏天，它每天能产2000颗卵！

妈妈！

看我！

多么幸福
美好的
家庭啊！

妈妈！

我饿了！

蜜蜂从花朵
里采集花蜜，
这种行为
被称作"采蜜"。

在采蜜的过程中，
蜜蜂会携带花粉。
这种可以在花朵间传播的
粉末是植物繁殖的关键。

花粉粒中含有植物的
生殖细胞，当它遇到
同种植物的雌蕊时，
就会对它授粉！

蜜蜂在植物的
繁殖过程中
扮演了非常重要
的角色！

但是，蜜蜂面临
很多致命的威胁！

啊？
真的？

杀虫剂会杀死大量蜜蜂，外
来疾病也会导致蜂群灭亡。

凶手！！

欧洲蜜蜂还面临着另一个威
胁，那就是外来者——亚洲
大黄蜂。

我想
出国
看看！

15

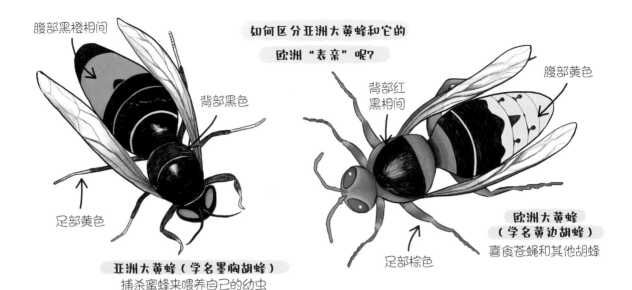

腹部黑橙相间

背部黑色

足部黄色

亚洲大黄蜂（学名墨胸胡蜂）
捕杀蜜蜂来喂养自己的幼虫

**如何区分亚洲大黄蜂和它的
欧洲"表亲"呢?**

背部红黑相间

腹部黄色

足部棕色

**欧洲大黄蜂
（学名黄边胡蜂）**
喜食苍蝇和其他胡蜂

亚洲大黄蜂会在蜂巢外窥伺，等蜜蜂离巢时发动袭击。

于是，蜜蜂的数量变少了，"幸存者"也不再出门了，蜂群面临着食物短缺的窘境。

妈妈，没有蜂蜜了吗?

太冒险了……

日本蜜蜂在很早以前就想出了应对之策。

它们在干什么?

它们把大黄蜂团团围住，疯狂扇动翅膀，散发出热量。

喂，你们在干什么?!

如此一来，大黄蜂就会因为过热而死掉!

我要熟了!

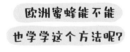

欧洲蜜蜂能不能也学学这个方法呢?

当然了!

我们一定能行!

100种御敌术

16

蜜蜂、蚂蚁和鲸的同伴互助

蜜蜂的舞蹈

蜜蜂能用舞蹈向同伴传递复杂的信息。比如，刚刚采蜜回来的蜜蜂可以通过特殊的舞蹈告诉同伴花丛的位置。

科学家卡尔·冯·弗里希解读了蜜蜂的舞蹈，他也因此获得了1973年的诺贝尔生理学或医学奖。

慢一点儿，我们没有看清到底是向左还是向右……

团结勇敢的蚂蚁

蚂蚁勇士们为了保全集体会毫不犹豫地选择牺牲自己。
一些热带的蚂蚁会首尾相连，在两片树叶或两根树枝间搭成一座桥，让同伴平稳地通过。

大家都应该心系集体啊！

气泡网捕猎与合作围猎

大家都知道，狮子等肉食动物会合作围猎，
但其实，海豚和某些鲸也会这样！
这些聪明的动物会边叫边将鱼群围在自己制造的气泡网中，这些气泡密不透风，
鱼儿根本无法逃脱，成了"瓮中之鳖"。

密不透风的气泡网

刺槐与蚂蚁
投我以桃，报之以李

蚂蚁守护树木以换得庇护与食物

在中美洲，有一种树与蚂蚁之间
维持着非常特殊的关系。
蚂蚁并不啃咬大树，反而尽力保护着大树。
这种树就是刺槐，蚂蚁帮助刺槐远离危险，
而刺槐为蚂蚁提供住所与食物。

这种刺槐长着牛角状的刺，这些刺很尖锐！
不过，刺槐的树干是空心的，
能为蚂蚁提供住所。

具体是什么品种的蚂蚁
并不重要，人们统一称它们
为"刺槐蚂蚁"。

你要小心，
那棵树上不但
有刺，上面还
住着很凶猛
的蚂蚁！

好的……

刺槐蚂蚁虽然只有
普通蚂蚁大小，
但是它们无所畏惧。

嘿！往深
处前进！

我们都
等着呢！

刺槐蚂蚁不允许有任何入侵者出现。
它们对待伤害树木的毛毛虫或甲虫
很无情，会把它们撕碎！

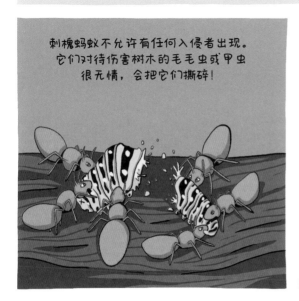

它们非常好斗而且数量众多，
所以就连牛、羊，甚至是人都害怕它们！

哞……

你瞅啥？

快走开！

向下看啊，
老兄！

当刺槐蚂蚁发现了入侵者，它们会向同伴散发出特殊的气味……

于是这棵树上所有的刺槐蚂蚁都会出动！

为了保护大树，刺槐蚂蚁还会对可能影响这棵树生长的植物采取措施。

刺槐蚂蚁会消灭一切萌发在刺槐四周的植物——咬断茎秆，啃咬叶子，让其枯萎。

作为回馈，刺槐会分泌蜜糖来款待刺槐蚂蚁。这种糖浆分布在小酒杯似的洞里，刺槐蚂蚁经过时都会停下来品尝。

刺槐的树叶处还长着像迷你香蕉一般的美食，颜色橘黄，和刺槐蚂蚁差不多大，非常有营养！

这些美食同样吸引着其他动物的目光。不过，这些碰巧品尝到刺槐蚂蚁遗漏的食物的外来者并没有尝到甜头，因为这些"迷你香蕉"中含有一种只能被刺槐蚂蚁消化的物质。

自然界中其他动植物互惠互利的小故事

花朵与采蜜动物

很多品种的花都有雌雄之分。雄花会产生花粉，而花粉需要被传播到雌花上完成授粉。这个环节就需要蜜蜂、蝴蝶这类采蜜昆虫的帮助。有一些鸟也会采蜜，比如蜂鸟，甚至蝙蝠也会采蜜。这些动物采蜜时，会把身上沾着的花粉传播到雌花上，从而在不经意间帮助植物完成授粉工作。

喂，蜜蜂，到我这来！

雄花

粉红色=我还有！蓝色=我没有了！

肺草是一种小型植物，它的花朵在刚绽放时是粉红色的，过一段时间则会变成蓝色。采蜜昆虫通常更偏向于粉红色的花朵，因为这意味着花朵里富含花蜜和花粉。在采蜜的同时，昆虫也作为花粉的传播媒介，帮助植物繁衍后代。完成繁衍任务的花朵会变成蓝色，昆虫知道这种花朵的花蜜很少，也就不会在它们身上浪费时间了。

这里就没必要降落了，咱们还是飞去那边吧！

珊瑚中的迷你藻类

在珊瑚和其他动物体内生活着金黄色的微型海藻。这些藻类的主要食物就是宿主代谢出来的二氧化碳和富含营养物质的废料。作为回馈，它们会提供宿主所需要的氧气、糖分和蛋白质。如果珊瑚没有了这些藻类，就会白化并死亡。

獾

招待意识

獾不只是卓越的"建筑师"，它们还很愿意在家里招待客人

獾洞

生活在欧洲森林里的獾非常低调，它们只会在夜晚外出觅食。
獾的四肢较短，头小身胖，是挖洞的行家。
它们挖的洞穴又大又舒适，还总是保持得很干净。
另外，动物们都知道獾喜欢在灌木丛里安家，
所以时常来拜访它们。

不挑食的杂食动物

蜗牛、昆虫、蚯蚓、田鼠、浆果、橡子或是蘑菇……什么都好吃!

獾并不像自己家族中的貂、鼬(比如黄鼠狼)那样拥有苗条的身材。

健美大赛

但它们也不用为了追逐猎物而上蹿下跳!因为它们什么都吃,不想让生活复杂化。

追猎物可太累了!

热情好客就是我

獾一般会把家建在斜坡上,那里的土壤不会特别紧实。

这儿看起来不错!

有力的前肢可以帮助它们铲土,挖出很深的洞。

但是这也太容易脏了!

家庭第一,亲人至上

就是你欺负我弟弟?

在夜间活动之前,獾会互相舔毛、交流,还会互换气味。

嗯,你新喷的香水是什么味道的?

干草5号。

在同一个洞穴里可能居住了20多只獾!

怎么了?

乔乔还堵在洞口呢。

群居并不那么容易!

27

獾的洞穴呈网状分布，有很多居室和5—10个洞口。每年，獾还会根据情况适当改造洞穴以便房客们能舒适地居住在一起。

米雷耶阿姨周六就该到了！

什么？但咱们已经没有空房了！

没事，我再挖一个……

獾会在洞穴外面另外挖洞作为单独的卫生间。

它们还会把洞穴收拾得非常干净，并经常更换里面的垫草。这绝对是动物洞穴中的卫生典范！

有时，一些居室空闲，很多动物，比如野猫、野兔以及狐狸就会来借宿。

已经怀孕或者不喜欢挖洞的狐狸很乐意来借宿

獾脸上的黑色条纹会让它们看起来像一个强盗，但其实它们并不会去"勒索"房客。

您想来一小杯吗？

它们最多会让自己的房间沾染上特殊的气味来表明"房屋所有权"。

狐狸绝对有能力捕食"房东"的幼崽。

对决

而獾也同样可以把幼狐列入自己的菜单。

但当这两种动物生活在一起时，它们会很默契地收起这种天性。

我赢了！

幸福的共生生活

小丑鱼和海葵：我家就是你家

小丑鱼生活在海葵的触手之间。它们是唯一能与海葵共处而不被它有毒的触手伤害到的动物了。

你在那儿待着多没趣呀，这样我们就没法玩捉迷藏了。

海葵（海洋动物）

啄木鸟啄洞，造福大家

在森林里，啄木鸟会在树干上啄洞用来产卵并藏身。当它们不再需要这个鸟巢后，其他动物，比如山雀、猫头鹰、长尾鹦鹉，甚至是松鼠就会搬进去住。

妈妈，我们什么时候能搬进去呀？

鲨鱼和鲫鱼：免费的交通工具

有些小型海洋动物会"搭便车"——人们发现有的海葵会依附在螃蟹背上，而鲫（yìn）鱼的吸盘会牢牢吸附在凶猛的鲨鱼身上。

速度快点儿！

你们在下面冷静冷静吧……

犬类
各式各样的犬中英雄

能够营救失踪者、
察觉疾病并且拯救生命的狗狗们！

在地震、雪崩或船舶失事后，人们会派哪种动物去救助幸存者呢？是狗！
搜救犬无所畏惧，它们能听到细微的呼救声，
也能依靠嗅觉搜寻到伤者。
它们还能靠着甄别气味的能力察觉出人类的疾病，
从而让病患更早地接受治疗。

犬类遗传了祖先狼的特性，会保护自己的族群。而对家犬来说，它们的"族群"就是自己的主人。

它们很快学会了救助人类，于是成了搜救犬。

嗯，我不这么觉得……

停下！

我不会让你淹死的，比利！

我有救生圈！

王牌一
超凡的嗅觉

澳大利亚山火后，正是搜救犬找到了幸存的考拉，才让它们得以生还。

非常感谢！

王牌二
灵敏的听觉

我的耳朵可不只是用来卖萌的！

灵敏的听觉能让搜救犬找到那些埋在瓦砾中的幸存者。就算呼救声很微弱，它们也能听到。

嘘，我听到这下面有呼吸声！

在这儿！

33

王牌三
强健的体魄

这需要下很大功夫!

不论是参与陆地救援还是海上救援，都需要灵活、有力量的身体以及很强的耐力。搜救犬需要有足够的勇气去完成非常危险的工作。

法国狼犬

德国牧羊犬

马里努阿犬

纽芬兰犬

金毛寻回犬

拉布拉多犬

这些犬在幼年时期就与主人建立了信任关系并开始参加训练。对它们来说，这些训练其实是一系列理解任务、跟踪气味、找到目标的游戏。这是拯救生命的游戏!

啊，我能从上千种气味中把它辨认出来!

有些犬种适合进行海上救援，比如纽芬兰犬、金毛寻回犬和拉布拉多犬。它们有杰出的游泳能力，身体又足够强壮，能够独立救助幸存者。

以前，人们会指派大型的圣伯纳犬去参与山区救援。但现在人们更偏向于一些更轻巧、速度更快的犬种，比如德国牧羊犬、瑞士牧羊犬或法国狼犬。

我来寻找他们，然后你给他们取暖，好吗?

狗还能闻到很多疾病所特有的味道，除了能识别出一些癌症外，它们还能在感冒产生症状之前感知到这种疾病!

我用自己的鼻子诊断出你得了流感。

这绝对是梦!

生活伴侣

导盲犬和其他服务犬

导盲犬是盲人的忠诚守护者，其他服务犬还可以帮助身体或精神存在障碍的人士。这些犬类具备冷静、耐心和细心的好品质，它们会为了满足主人细微的需求而随时准备着。

扫雷犬

杀伤性地雷是一种战时埋在地下的炸弹，只要有人经过就会爆炸。战争结束后，没有爆炸的地雷仍埋在地下，随时有致人死亡或残疾的危险。在柬埔寨和阿富汗等国家，这样的地雷还有几百万个！不过，扫雷犬可以很高效地排雷。

呼噜的力量

狗能用深情安慰我们，但它们也有一个有力的竞争者，那就是猫！猫咪的呼噜声是能让我们平静下来的"特效药"。这种呼噜声还能促进睡眠、降低血压，甚至能治愈一些精神创伤，这种疗法被称为"呼噜疗法"！

海豚

伙伴第一

海豚享有很高的声誉，
那它们是真的非常友好吗？答案是肯定的！

与人类相比，海豚作为海洋食肉动物在力量上更胜一等，但就算人类伤害过海豚，它们也几乎从不主动攻击人类！大部分海豚会群居，一起玩耍、互帮互助；它们会毫不犹豫地救助其他海豚、海豹甚至是游泳的人和船员，并且会在自己有需要的时候寻求帮助。

海豚真的非常喜欢玩游戏!
它们总会尾随着船的航迹跳来跳去。

瓶鼻海豚是最常见的品种。

它看起来总像是在微笑,非常吸引人

嘿!这些气泡弄得我直痒痒!

接下来咱们去拔海豹的胡子吧!

海豚是捕猎者,但它们极少攻击其他哺乳动物。

如果囚禁海豚,会让它们因压力过大而自残。

快速且强壮的游泳健将

我很可爱,还是个好猎手!

它们带鱼回来了。开饭!

放我出去!

群居生活更利于海豚觅食,同时让它们在应对捕猎者时更得心应手。另外,以领航鲸(前额凸起的海豚)为例,当群体中的一只海豚搁浅后,其他海豚也会这样做。

团结的集体

让我们同生共死吧!

没有你,我的生活没有意义……

你是这个族群里最有趣的海豚!

群体生活需要互帮互助。当一只海豚产子，其他雌性海豚会帮助它照顾小海豚。于是我们会发现小海豚的妈妈、姐妹、姑姑、姨妈都会来协助小海豚浮到海面上呼吸第一口空气！

海豚对悲伤的情绪非常敏感，因此它们会一起帮助最虚弱的海豚。比如，如果团队中的一只海豚病得很严重，其他海豚会一起连顶带托，撑着它到水面上呼吸。

好了，玛莲娜，你好好休息吧！我们会照顾比雄的！

跟着姨妈吧，我的宝贝。

坚持住，罗内，我们去给你找医生！

有时，海豚也知道如何寻求帮助！这些来观赏蝠鲼的潜水者就收到了这只雌性海豚的求助，它的鳍状肢缠上了渔网。

我没向它求助……

对，我们还不太会用"手"。

每年都会有很多海豚因被渔网缠住而死亡，还有很多被捕杀。但是，海豚并不会因此对人类记仇并报复。

几乎不记仇的物种

我们和好吧？

就是它把菲尔南叔叔弄伤的？

嗯，别那么记仇！

友善的海洋精灵！

养父母抹香鲸

海豚会信任其他鲸类，比如这对抹香鲸就收养了一只残疾海豚！脊柱变形让这只小海豚无法正常游泳，但它可以是个很好的玩伴。

虎鲸学校

虎鲸虽然没有突出的吻部，但它们也是海豚科的一员。虎鲸喜欢吃鱼、鲸、海豹以及企鹅，偶尔也会去招惹海豚。虎鲸被誉为"模范父母"。它们是母系家庭，成员间的关系很紧密。幼鲸会在父母身边学习捕猎多年，并从族群中学习特殊技艺。

大象

雌性掌权

大象在智慧和家庭团结方面可以称得上是摸范代表，尤其是雌性大象

大象之所以是我们喜欢的动物之一，是因为它们虽然身形庞大，但爱好和平。它们只有在受到威胁的时候才会出击。

雄性大象会与雌象、小象和年轻大象生活在同一象群中。

每个象群由一头经验丰富的雌象当首领，所有大象听它指挥，所有活动与计划也由它负责。

准备刷牙睡觉啦！

可我还不困呢。

象群也被称为"族群"，大象们在族群中互帮互助是再自然不过的事了。

去吧，你去休息。

我们来接班！

如果一头象宝宝不能爬上斜坡或是过河，成年大象会轻柔地把它拉过去或是引导它从更好走的地方过去。

加油！我拉着你走，宝贝！

到了该洗澡的时候，象群可不会冒失地冲到水里！每头象都会等着首领仔细检查环境是不是安全。

好吧，好吧……我懂，我这就走……

没有鳄鱼了？也没有河马靠近？那大家就可以下水嬉闹了。

太棒了！

哇！

象群有自己的习惯。它们通常会选择同样的外出路线，并在夜晚由成年大象围在小象四周，用强有力的象腿和身体组成密不透风的保护墙。

别怕，宝贝，只要它们敢靠近，我们马上就能制服它们。

大象的哺乳期可达3—4年，在此期间，小象会与母象寸步不离。母象会在照顾小象的同时传授它们交流的方式以及互助的理念。

雄性大象会在繁殖期时离开象群。

它们会独自去远方，或者暂时加入别的族群。

所有雄象都想长得又大又有力气，因为这样就能与其他雄象竞争，吸引雌象。

不久前，人们刚发现厚皮动物会群体协作。英国科学家做了一个实验，证明亚洲象在无法独自完成一个任务时会和同伴一起完成。

如果其中一头大象在同伴准备好之前就拉动了绳子，那么它会重做一遍，因为它知道这需要它们俩同时拉绳子才行。

森林巨人

生活在森林里的非洲象群的规模并不大，一般只有1—2头雌象以及2—3头小象。但是每头象在吃的方面都能以一敌四！它们会进食大量的水果、树叶以及树皮，还会破坏很多灌木。但是，这并没有导致森林的退化，反而会使森林更加欣欣向荣。那是因为大象在破坏一些树的同时，也间接促进了其他树的生长，它们就像考虑周密的伐木工似的。大象虽然把水果吃进了肚子，但是它们排出的种子能继续发芽。

清洁鱼
卫生、健康又美丽

暗礁里的美容院

鱼类的生活并不总是那么平静。

除了捕食者的骚扰，还会有寄生生物的困扰。那些小虫和甲壳类动物就像虱子一样牢牢地吸附在它们的皮肤上或者鳍上。但幸运的是，饱受困扰的鱼可以寻求清洁鱼的帮助，清洁鱼能为其他鱼清除掉这些入侵者，还可以去除污垢，让自己的"顾客"恢复健康、重新焕发生机。

在盐水和淡水里都有清洁鱼的踪影，它们会在很特别的地方聚集，这种地方被称为"清洗站"。我们很容易在珊瑚礁上找到它们。

不论大小以及是否凶猛，所有鱼都知道这里并且很愿意来。

今天和明天哪天可以？下午4点我可还有约会呢！

就像在医院一样，有时还需要排号。

免费清洁，没有化学成分！

这是暗礁上最好的一家！

来做清洁的鱼不能急速游动，否则会吓到清洁鱼。如果鱼缓慢游动并且展开鱼鳍，那很明显就是在做清洁。

它的本性并不坏，但是得小心，它的尾巴上有刺！

甚至鲨鱼都会来做清洁！

当清洁鱼轻轻啃咬鲨鱼皮，并且试图钻进鳃的缝隙时，鲨鱼也会欣然同意。

对，我的右侧尖牙后面有一片红……

好痒哦！

鱼是从来不刷牙的。因此，食物残渣会一直卡在牙齿里导致牙齿疼痛和感染。

我嘴里有一颗虫牙！可疼了……

因为你不用牙线。

大家可能觉得这是一个高危职业，其实不然！

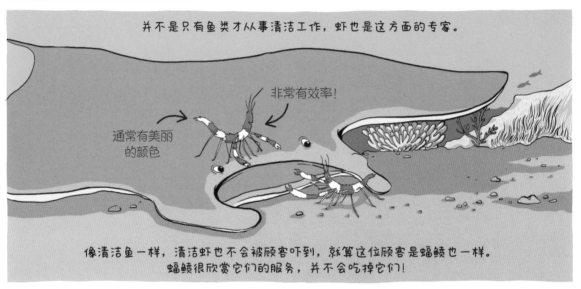

并不是只有鱼类才从事清洁工作，虾也是这方面的专家。

非常有效率！

通常有美丽的颜色

像清洁鱼一样，清洁虾也不会被顾客吓到，就算这位顾客是蝠鲼也一样。
蝠鲼很欣赏它们的服务，并不会吃掉它们！

清洁鱼会把寄生生物和顾客身上可以吃的碎屑吃掉。

小寄生虫

原来，唯一的傻瓜就是我！

这是一种双赢关系。

我还是饿……

今天都接待了多少位顾客了，你过分了啊！

52

清洁鱼的生活

谁来做清洁?

清洁鱼会对鱼类进行清洁,但谁来做"海底深度清洁"呢?螃蟹、软体动物、寄生虫等动物会将掉落的东西再利用。另外还有外形呈管状的海参,也会吸收废物。

我们这里需要用一下吸尘器!

脚部的"鱼医生"

在人类的一些美容院里,顾客会把脚浸泡在有小鱼的温水中。小鱼会把脚弄得很痒,这是在啃食脚上的角质。这种方法能让脚部皮肤重获新生,从而使皮肤变得更加柔软。

伙计们,自助餐来了!

冒牌清洁鱼!

鱼儿大都认识清洁鱼,因此允许它们帮忙清洁自己的鳞片。可是有些"骗子"长得非常像清洁鱼,它们不仅不会帮忙清洁,反而会把一部分鱼皮咬下来!

哎哟!
有小偷!

"骗子"

老鼠
不受欢迎的朋友

在它们的地下世界里，老鼠表现出了超凡的智慧以及堪称楷模的团结精神

老鼠很不受欢迎，它们偷吃我们储存的食物，把所有东西咬坏，还有可能传播疾病。因此，我们会把它们抓住并消灭掉（这种行动称为"灭鼠"）；此外，在实验室里，我们还会用它们做实验。但其实，老鼠每天能处理掉成吨的废物。如果没有它们，下水道里的废物就溢出来了！

生活在城市里的棕色老鼠，身长可达50厘米，其中近一半的身长是尾巴贡献的。

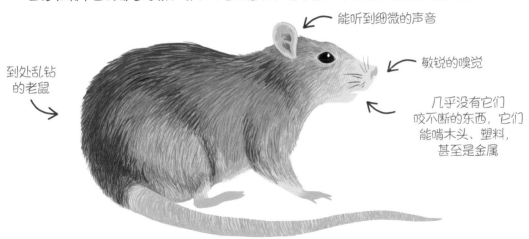

尽管老鼠的数量比人类还多，但我们很少看到它们，因为它们大多生活在下水道里。

老鼠的标志动作就是四处嗅并晃动胡须，它们是团结的群居动物。它们收集人们扔的垃圾，还会与家人一起分享食物。

充满好奇心，但也很警惕！

当发现一种不认识的食物时，老鼠会后退，或者只是浅尝一点儿。如果不好吃，就不会有老鼠再碰了！

如果有必要，其中一只老鼠会在上面小便来警示大家有危险。因此，想要毒害老鼠是很难的。

老鼠能应对许多复杂的情况，也知道享受生活，它们很喜欢挠痒痒！

哦，吉尔伯特，哈哈哈！

开心的老鼠耳朵是粉红色的，而且更加低垂

人们发现当老鼠被挠痒痒后，对待同类会变得更和善、更有耐心。

难过的老鼠会立起耳朵并低下脑袋

老鼠大脑中与同理心相关的区域和男性的一样。

只是面积小得多

老鼠和我们一样，更喜欢看到别人快乐。不然，它们就会试图帮助对方变得更开心。

过得不开心吗，吉尔伯特？

人类对小白鼠进行了大量的科学实验。研究发现，如果其中一只很忧伤，它的同伴会毫不犹豫地帮助它。

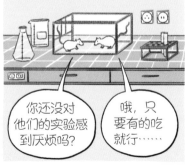

你还没对他们的实验感到厌烦吗？

哦，只要有的吃就行……

科学家曾把一只小白鼠放在一盒水里，水很深，它有溺死的危险；而另一边，干燥盒子里的小白鼠明白只要打开小门就能救出它的同伴。

别惊慌，罗伯特，你都让我紧张起来了。

如果营救者自己曾经有过差点儿被淹死的遭遇，那它打开门的速度就会快得多。这表明，曾经遇到过困难的小白鼠会更有动力去帮助其他同类。

来吧，呼吸！你不信任我是吗？

老鼠的另一面

宠物鼠或排雷鼠

幸运的是，并不是所有人都讨厌老鼠，因为老鼠也能成为非常可爱的宠物。而且，凭借敏锐的嗅觉，老鼠还能代替狗去协助警方进行调查或者探寻埋藏在地下的爆炸物。

小白鼠

和普通老鼠一样，小白鼠生活在人类周围，并被当作实验动物。当两只雌性小白鼠同时生小宝宝时，它们会把幼崽聚在一起共同抚养。

城市老鼠和田鼠

黑色老鼠曾经居住在城里，后来它们被个头更大的棕色老鼠"追杀"，从此便住在乡村了。因此，人们称它们为"田鼠"。田鼠活得比棕色老鼠更加精致，它们更喜欢阁楼和谷仓，而不是地窖和下水道。

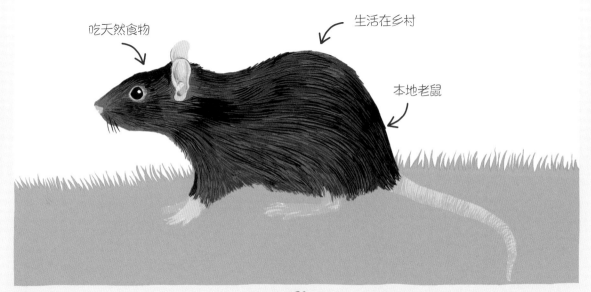

吃天然食物

生活在乡村

本地老鼠

耀眼的名字

亚历山大·冯·洪堡

人道主义探险家

自然与自由的爱好者

亚历山大·冯·洪堡（1769—1859）是卓越的学者和探险家，同时还是人道主义者的典范。在他生活的年代，也就是19世纪初，南美洲依然是欧洲的殖民地。在既是医生也是植物学家的艾梅·邦普朗的陪同下，洪堡探访了南美洲的大自然，同时也对殖民地人民很关注，并梦想着为他们创造一个更公平的世界。洪堡的游历经历与他的科学思想激励着当时众多的年轻科学家。

洪堡出生于1769年的德国。

就是这里!

孩提时代，他生活在一座城堡里，接受了良好的教育。他对科学非常感兴趣。10岁时，他就已经能给母亲和哥哥上课了!

噢，这太不可思议了!

看哪，如果这根管子里有液体流出来就说明要下雨了!

21岁时，洪堡曾在处于法国大革命之中的巴黎停留数日。

共和国万岁!

他回到了德国，但渴望再度远行。

与此同时，他还是一个发明家，对自然和动物的一切都感到好奇。杰出的科学思想很快令他声名鹊起。

研究地质学、植物学和许多其他领域!

洪堡不愿停下脚步，他再次前往巴黎，经常拜访当地的学者和探险家。他与艾梅·邦普朗正是在此相遇。邦普朗是一位外科医生，而且和洪堡一样，为冒险和探索而狂热。

您更偏向于非洲森林还是美洲森林?

还有，咖啡您更喜欢浓的还是淡的?

多加可可粉的。

经历一番波折后，多亏了西班牙国王，这对好朋友终于可以远行了!

为什么下一个目的地不能是月亮呢?

他们的旅程持续了5年，穿越了南美洲及其岛屿，直到美国。两人攀登过比勃朗峰还高的山，采集过未知的植物，漂流在神秘的河流，他们重新探索了美洲！

奇迹，真是奇迹！

往左划，要不咱们就危险了！

他们还看到过遭受西班牙殖民的美洲人民，以及在市场上被贩卖的非洲奴隶。洪堡认为，总有一天，这些人民会从欧洲殖民者的手中解放出来。

从美洲离开后，洪堡在欧洲待了十多年。1829年，俄国当局联系到他，希望他能帮助评估矿山。

你们的铁矿很快就会价值千金！

他预测乌拉尔铁矿里会有钻石，后来果然应验了！

学习地质学是值得的！

旅行结束后，洪堡将他们的经历记述下来。最开始的旅行是和邦普朗一起，后来是独自一人或与其他学者一起。

旅行成就了我的青春，而这些游记则充盈了我的老年生活！

他被认为是那个时代最杰出的探险家之一。他撰写的有关美洲的作品被奉为百科全书式的著作，很多人正是因为他而萌生了自己的理想。

路易！来吃饭了！

妈妈，我马上就来！

洪堡留给后人的财富

亚历山大·冯·洪堡基金

为了纪念洪堡，德国政府在他逝世后以他的名字创立了一个基金会。基金会的宗旨是向各国优秀的科学家提供科研基金，使其能在德国从事科学研究。

达尔文的榜样

达尔文其实是洪堡的崇拜者。正是因为洪堡，达尔文明白了万物皆与自然相连的道理。在洪堡旅行的30年后，当达尔文开启他的著名旅行时，同样也有非常多的发现，从而提出了进化论。

洪堡与邦普朗的植物标本

洪堡和邦普朗采集的植物以及他们的绘画作品很多都被保存了下来。采集的这些植物被放置在干燥的纸张之间，我们称之为"植物标本"。这些标本和画作帮助人们认识了数以千计的新物种！

约翰·缪尔
美国第一位生态学家

1890年，约翰·缪尔就已经察觉到 大自然遭受着人类活动的威胁， 必须对其加以保护！

约翰年轻时在威斯康星大学
学习植物学。

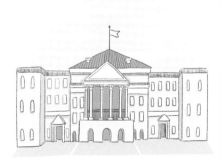

他就是在那里萌生了对
自然和冒险的热情。

角豆树
一种长豆子的树

他无法想象以后的生活与
大自然无关，因此决定通
过游历完成教育。

我选择去
上"自然
大学"！

然而，一场大病让他不得不去美国西部的加利福尼亚治疗。
在那里，他发现了内华达山脉的山谷……

约翰！

约翰！

约翰！

有人在
喊我！

作为一名充满热情的自然科学家，
他热衷于研究所看到的一切，比如
岩石、溪流、森林、动物……

正是在这里，他得到了一个
启示：这些超凡的风景是必
须被保护的艺术品。

不能
触碰！

兜兜转转，他先后做过牧羊
人、工人和工程师，后来他
被约塞米蒂山谷深深吸引，
就留在了那里。

他自己还建造了
一间小木屋！

他明白，如果人们在此定居，
势必会威胁到这里的
生态平衡。

如果你在
这里放牧，会
严重破坏生态
环境！

约翰对巨杉最感兴趣，这是世界上最大的树。

高可达50—85米！

哇！

他研究巨杉的生长环境以及它们的分布方式。

土壤酸度不高……

不知不觉间，他超前的自然保护理念让他声名鹊起！

西奥多·罗斯福总统也应邀前往约塞米蒂山谷。

他很认同约翰的想法。

别忘了把鳟鱼的食谱给我，约翰！

多亏约翰的坚持，约塞米蒂山谷终于在1890年被设立为国家公园。

美国内政部
国家公园管理局
约塞米蒂国家公园

约翰·缪尔70多岁时仍致力于保护大自然。他反对建造大坝，因为这会淹没附近的山谷，但是他输掉了这最后一场"战役"。

他们毁掉了一座极好的山谷！

> **"不管你触动自然界的何种事物，
> 总会发现它与世界上的其他事物
> 有着千丝万缕的联系。"**

探险书籍

约翰·缪尔在书中讲述了他的旅行。他在书中谈论了许多话题，并阐述了自己的生态保护思想。就算在今天，约翰·缪尔的书在美国也很受欢迎！

环保俱乐部

1892年，他召集志愿者创立了美国乃至世界上最早的荒野保护组织之一——塞拉俱乐部，如今依然非常活跃！

他们的使命

1. 探索、欣赏和保护荒野。

2. 促进并实现对生态系统和资源负责任的使用。

3. 教育和号召人们保护并恢复自然环境和人类环境。

4. 运用一切合法手段完成这些目标。

约翰·缪尔步道

为了纪念这位杰出的远行者，人们以他的名字为一条300多千米长、贯穿约塞米蒂山谷和内华达山脉以及巨杉林的远行步道命名。

泰奥多尔·莫诺

撒哈拉的钟情者

去沙漠探险!

泰奥多尔·莫诺（1902—2000）无疑是20世纪最钟情沙漠的人之一。
在他漫长的一生中，他探索撒哈拉沙漠超过120次，长途跋涉于
酷热的白天与寒冷的夜晚。无尽的好奇心带领他前往人迹罕至的地方，
远离祖先的足迹。他收集岩石、植物与化石，
并执着地探寻传说中陨石的踪迹。

泰奥多尔·莫诺童年的大部分时间都是在动物园度过的。像所有孩子一样，他对动物非常感兴趣，比如豹子、猩猩和巨龟。他也因此对自然产生了热情。

如果你去非洲，帮我给我的表亲带去问候吧！

他在15岁时创办了名为《翠鸟》的科学期刊。

我兼任编辑和经理的工作！

但只有1期且只印1册！

他立志当一名科学家，并致力于生物学研究。

在那个时代，我们称之为"自然科学"。

涉及地质学、动物学和植物学

1922年，莫诺去非洲西北部的毛里塔尼亚研究海豹。

这里有天堂般的美景，但酷热堪比地狱！

撒哈拉沙漠就在旁边，莫诺正是在单峰骆驼背上完成了他对撒哈拉沙漠的首次探险。而这次经历改变了他的一生！

1927年，在马里的沙漠地带的山脉中，莫诺发现了一具可追溯到7000多年以前的人类骨骼化石。

咱们稍微休息一会儿？

行啊，反正它也不会动！

莫诺还在阿尔及利亚南部的撒哈拉沙漠中探索有古代雕刻的洞穴。

我是艺术家！

在10年的时间里，他曾6次穿越撒哈拉沙漠，徒步行走了几千公里。他只有在生病或是极度疲劳时才会爬上骆驼。莫诺沿途收集岩石和化石，也能收集到植物和昆虫，因为沙漠里也有生命存在。

他从沙漠带回了当时未知的植物和动物。

130种动物
35种植物

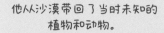

百金花属植物

沿途采集了20677份样本

他还多次参与动物保护活动并积极投身于各种活动。

莫诺还是一个大梦想家。当他听说在毛里塔尼亚的沙漠中有一个庞然大物从天而降后，便动身去搜寻。

当时他只有32岁，虽然一无所获，但之后他一有机会就会再去寻找。

直到85岁他才放弃，最终接受了所谓陨石只是个传说的说法。

96岁时他进行了最后一次沙漠探险，旅途仍令人惊叹。

沙漠独有一种自由、简单的气质。一望无尽的地平线、无须转弯的道路、没有屋顶的夜晚以及极简的生活都有其独特的吸引力。

骑骆驼远行

沙子，沙子……
但其实到处是石子！

提到撒哈拉沙漠，人们首先想到的都是沙丘。
确实如此，但最常见的其实是遍布岩石与碎石
的景象。因此，在泰奥多尔·莫诺探险期间，
他穿越了高原、山川以及"碎砾荒漠"，
沿路到处是石子。

可千万别
扭伤脚踝！

沙漠之舟

正因为泰奥多尔·莫诺能够很好地抵御高温和
干旱，所以人们把他比作骆驼。骆驼这种高大
的食草动物是沙漠里的"王者"！它们不仅可
以在沙漠里好几天不吃不喝，还能忍受体温的
急剧上升。一旦到达目的地，它们就会马上去
阴凉处喝100升水来补充水分。

我是沙
漠之王！

绿色长城

撒哈拉沙漠是世界上最大的沙漠，并且面积仍在持续延展。在南部，萨赫勒地区持续干旱，
气候变暖现象更加明显。但该地区的各个国家已经联合起来建造了一条面向沙漠、
绵延近8000千米的植被带，并称之为"绿色长城"。

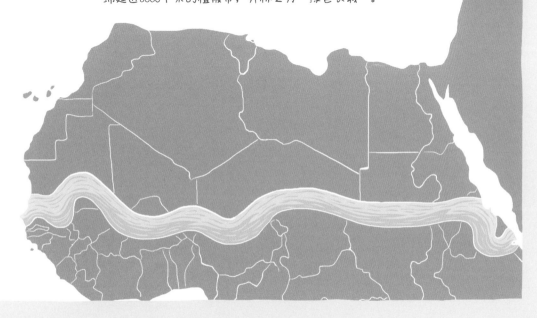

保罗-埃米尔·维克托
北极人的朋友

杰出的旅行家和探险家——
保罗-埃米尔·维克托，让我们更好地了解
极地居民因纽特人的生活

19世纪中叶，北极还是不为人知的地方。
南极洲一望无际的冰冷沙漠也是如此。
保罗-埃米尔·维克托（1907—1995）穷其一生都在探索这些地区。
为了更好地了解和保护因纽特人，他与这些居民一起生活了很长时间，
还领导了数十次极地探险并终身坚定地致力于环境保护事业。

保罗-埃米尔小时候就是个书虫，当时的他探索的是自家的花园和阁楼。

10岁时，他就已经决定将来要远行探险。

向我报告，士兵们！你们在远方看到了什么？

21岁时，他辍学并开始了自己的探险生活。

总之，别忘了给我们写信。

最开始他是水手，后来又成了一名飞行员。

接着他开始了人种志的研究，这是一门研究世界各地的人的科学。

南极洲及其居民

他的灵感之书

为此，他要去与他们相会！

羽绒服、手套、帽子、保温杯……我觉得我准备好了！！

1934年，他与著名探险家——夏科船长一起前往格陵兰岛。

去吧，再见！小心别感冒！

哈哈，开什么玩笑……

他在当地因纽特人的家里生活了一年，他还学习了那里的语言。

那"你好"怎么说？

1936年，他坐着狗拉雪橇穿越了整个格陵兰岛，在冰上行走了500多千米！

穿越格陵兰岛后，他又在一个因纽特人家里住了一年。在那里，他爱上了年轻的女孩杜米迪亚。

他很喜欢她的辫子

为了更好地研究当地的生活和地理，他向政府请求在这里执行科学任务。

这就是法国极地探险的开始。

再见！你们知道的！

对，对，我们会注意不感冒的……

从1947年至1976年，他作为负责人在南极洲和格陵兰岛分别执行了17次和14次任务。

1950年，法国在南极进行科考活动。

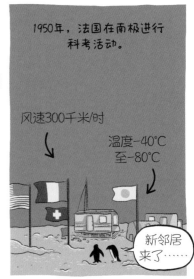

风速300千米/时

温度-40℃至-80℃

新邻居来了……

在70年代还没有关于全球变暖的讨论。

这座冰川不会渐渐缩小吧？

但保罗-埃米尔·维克托已经感觉到：极地地区虽与世隔绝，但仍会受到人类活动的威胁。

为了保护南极洲，他参与了一项国际条约的起草工作，该条约禁止在南极洲从事科学研究以外的所有活动。

我告诉你，不可能在那里开一家快餐店！

时至今日，该条约仍然有效。

退休后，保罗-埃米尔·维克托选择与新任妻子和儿子定居在太平洋上的一座名叫波拉波拉的岛屿上。那里常年炎热。

啊，这改变了我们的生活，不是吗？

但是，他还是毫不犹豫地去往南极洲庆祝自己的80岁生日！

这里还是很冷啊！

保罗-埃米尔·维克托眼中的格陵兰居民

因纽特人的幸福感很高，尽管他们生活得很艰苦，甚至有时可以用悲惨来形容。

他们之所以感觉很幸福，是因为他们的需求很少，还很容易满足。

在他们丰富的词汇库中，没有"战争"这个词，因为因纽特人不知道战争是什么。

大卫·爱登堡爵士
英国自然博物学家

自然爱好者及超棒的解说者

大卫·爱登堡出生于1926年。他是英国著名的自然博物学家，有着很高的声望。
他第一次报道野生动物时还是个年轻小伙子。
从热带雨林到极地地区，他坚持不懈地探索地球，
并将自己对野生动物的热情传递给了几代观众和读者。
谁会比他更适合向我们解释物种的进化和自然的奥秘呢？

1954年，大卫·爱登堡开始在英国广播公司制作有关野生动物的纪录片。

在印度尼西亚的一座岛上，他成为最早拍摄世界上最大蜥蜴的人之一，这种蜥蜴就是科莫多巨蜥。

2—3米长

唾液有毒

一扫就能将人掀翻

大卫·爱登堡真的有能力在接近动物的同时又不打扰到它们。

在新几内亚的大型热带岛屿上，他拍摄了有关天堂鸟的纪录片。

这种鸟五彩缤纷，身上有复杂华丽的饰羽，并且能歌善舞。

20世纪60年代后期，他主持了一档致力于宣传地球生物多样性的大型电视节目。

他最终离开了英国广播公司，转而去拍摄纪录片。

他并不满足于仅向我们展示大自然的样貌，他更想讲述动物界那些令人难以置信的故事。

再见，大卫，我们会想你的！

世界我来了！

这些海鬣蜥是由陆鬣蜥进化而来的。

我感觉有人在看我……

在大自然中录制节目需要耐心和大量的技术支持。不过，大卫·爱登堡处理所有的突发情况都游刃有余！

这只蝴蝶仅仅飞行了几天，只够它进行繁衍！

他让我们惊叹于生命形式的多样性，所有这些都是为了适应它们的生存环境。

你的喙这么小，怎么生活啊？

作为著名学术团体的成员，他荣获了诸多奖项，甚至还在1985年被女王授予爵位！

我是和平主义者。

大卫·爱登堡爵士。

在大卫·爱登堡的纪录片中还出现了森林和地球上其他生态系统被破坏的镜头，他呼吁人类自省如何与自然和谐共处。

野生动物正处于危险之中，现在改变还为时不晚！

其他冒险家

格雷·奥尔，早期的生态学家

大卫的哥哥——理查德·阿滕伯勒曾导演过一部电影，名叫《格雷·奥尔》。这部电影讲述了阿奇博尔德·贝拉尼的一生。这个出生于1888年的英国人移民加拿大后声称自己是印第安人，并称呼自己为格雷·奥尔（灰猫头鹰），他因出版有关动物和保护自然的书以及开设讲座而闻名。

电影海报

真人

尼古拉·于勒的旅行

在法国也有这样一位冒险家——尼古拉·于勒。他也是因为电视节目而走红，这是一档名叫《乌斯怀亚》的极限节目。在20世纪90年代，人们在荧幕前观看他在大自然中探险，聆听他讲述关于这个美丽星球的各种故事。

对新奇的事物、对所有人都充满好奇！

在极端环境中拍摄节目

戴安·弗西

为了大猩猩的爱

"易怒野兽"还是"和平巨人"?

1966年，一位美国女士搬进了非洲中东部国家卢旺达的山林中，
她想以人类从来有过的方式寻找大猩猩并观察它们。
她非但没有受到残酷的对待或伤害，反而被大猩猩接受，
她对这些"和平巨人"的生活和才智有了惊人的发现。
对于勇敢的戴安·弗西（1932—1985）来说，真正的危险并非来自这些动物，
而是来自她/它们共同的敌人——偷猎者。

被误解的动物

戴安是在第一次去非洲旅行时开始观察大猩猩的。

后来，她又返程去寻找它们，长达15年都没有再离开过。

我能认出每一只大猩猩，我还给它们都取了名字！

这段长期的交往打破了人们认为大猩猩会对人类使用暴力的刻板印象。

相反，它们甚至相当害羞。

把野生动物关在笼子里并不能让我们了解它们的生活习性。

我们必须虔诚地去它们的领地进行观察，而这可能需要数年的时间！

的确，当一只2米高的大猩猩捶胸冲向你，并向你龇牙时，你得尽量把自己隐蔽起来。

只要不看它并保持不动就可以了……

反正木已成舟了！

这很吓人！

正因为戴安很有耐心并对大猩猩的举动非常了解，所以她被大猩猩所接受，还能与它们和谐相处。

我在长达2000多小时的观察中只遭受了一次攻击，但我甚至都没有受伤！

但偷猎者正在伺机行动

成年大猩猩因为它们的肉和皮有交易价值而被猎杀。它们的手和头成为偷猎者的"战利品"。

用大猩猩手掌制作的烟灰缸
（在20世纪70年代居然非常流行）

即便在今天，仍有偷猎者抓捕大猩猩幼崽出售。

戴安·弗西坚决反对偷猎，她愿意付出一切代价来保护大猩猩。

滚出我的山林！

她还抗议山林旅游并筹集资金用于帮助森林警卫队。

戴安·弗西的贡献

1967年，戴安·弗西建立了第一个大猩猩研究中心。对大猩猩的观察能够帮助人们了解它们的生活以及它们与我们的关系。戴安在1983年出版了《迷雾中的大猩猩》一书，讲述了她的工作内容以及她关于大猩猩的研究成果。

每个人都可以向大猩猩国际基金会捐款，钱款将用于保护大猩猩以及相关的科学研究。该项基金是1978年由戴安发起的，那时她最喜欢的大猩猩蒂吉特刚被偷猎者杀害。

戴安于1985年12月26日被杀害。她的去世与她坚决与非法动物交易和山林旅游做斗争有关。

珍·古道尔和毕鲁蒂·加迪卡斯

此外，其他女性的努力大大提高了人类对类人猿的认识和尊重，如珍·古道尔与她研究的坦桑尼亚的黑猩猩，以及毕鲁蒂·加迪卡斯与她研究的婆罗洲猩猩。

珍·古道尔

毕鲁蒂·加迪卡斯

*这是当地人对她的昵称

珍·古道尔

和黑猩猩在一起

她改变了我们对黑猩猩的看法！

> 因为这些黑猩猩，
> 我想变得更聪明！

如果要和野生黑猩猩一起生活在非洲森林中，就必须具备绝佳的综合素质，
毕竟黑猩猩的行为是那么不可预测。
1934年出生的英国人珍·古道尔在年轻时就知道自己想要什么！
为了支付去肯尼亚的旅行费用，她一直在努力存钱。
而珍正是在肯尼亚的邻国坦桑尼亚开启了自己的传奇人生。
30年来，她一直在观察黑猩猩，这让她了解到它们与我们有多少相似之处。
我们也正是因为她的介绍才会对这种动物更感兴趣、更加尊重。

珍从小就对野生动物着迷。她可以一直躲藏几小时来观察它们。这可能就是她能坚持多年研究黑猩猩的原因。

1957年，珍受朋友邀请去非洲的肯尼亚游玩。在那里，她拜访了著名科学家路易斯·利基。

珍去哪儿了？已经过去3个多小时了！

我要报警了！

我正在招助理，你感兴趣吗？

他对这位没有经过系统的专业训练但熟知动物知识的年轻女士印象深刻。

那个女孩太了不起了！

路易斯·利基交给珍一个尚未有人完成的任务，那就是研究森林中黑猩猩的行为习惯。

1960年，珍定居在坦桑尼亚的一个如今被称作"贡贝国家公园"的地方。

在真正被黑猩猩接受并能够接近它们之前，珍用了两年的时间，非常耐心、明智地留在远处观察。

我一直等着它们！我进行了很长时间的实地考察！

对她来说，香蕉是与黑猩猩交朋友的最好工具。珍会给每只黑猩猩一个香蕉。

来吧，该吃早餐了！

你不来一杯咖啡吗？

珍是第一个意识到黑猩猩能够使用工具的人。它们会用树枝从蚁巢中钓蚂蚁。

钓得还顺利吗?

蚂蚁会咬住树枝来抵抗入侵,这样黑猩猩就可以把它们钓出来吃掉了。

真美味!

凶手!

像我们一样,黑猩猩也能感受到喜悦或悲伤等情绪。它们也会表露出温柔的一面。

冷静!每只都能得到一个吻!

它们足智多谋,知道如何解决问题,并且食性广泛!这些都是我们从珍那里了解到的!

当时根深蒂固的观点是这类动物只吃香蕉 →

黑猩猩并不总能和平相处。有一次,珍就目睹了两个族群之间的争斗。

这种暴力行为让她感到不安,但她知道这种情况并不常见。黑猩猩非常清楚该如何停止争端并恢复和平。

那天,我明白了人类的暴力是存在于我们的基因之中的。这是祖先留给我们的遗产。

当年那个年轻的冒险者如今已经是位年迈的老奶奶了,但她仍致力于保护大自然,帮助穷人以及为我们的未来带来希望。

对你们来说,最盼望的事情是什么呢?

和平大使

珍·古道尔研究会的成员们并不只是保护动物，他们还为人类提供支持。
研究会在全世界众多国家和地区都有办公室，每个办公室都有自己选择的项目，
如自然保护、开发教育资源或者推动可持续发展。

1. **研究**

继续珍·古道尔的工作，研究非洲灵长类动物的行为习惯。

2. **保护**

致力于推进野生黑猩猩的保护项目。

3. **发展**

帮助生活在黑猩猩族群附近的人们，在促进经济发展的同时，更好地
保护森林并打击偷猎活动。

4. **教育**

开展国际化的教育和拓展项目，鼓励孩子们更多地投入到保护环境、
保护物种多样性的行动中来。

2002年，珍·古道尔获得了联合国授予的"和平大使"称号

在向我们指明类人猿与我们的相似程度后，为了促进可持续发展与教育事业，她开始周游
世界。她还撰写了有关自己的生活以及保护自然的书籍，并参与了播客节目的录制。

荣获英国女王伊丽
莎白二世颁发的不
列颠帝国勋章

两部关于她的生活
与工作的纪录片

撰写了12本书，
其中有5本是
儿童读物

荣获的奖项
超过18个！

保罗·沃森
环保"海盗"

保罗·沃森出生于1950年，是加拿大的一位船长和环保活动家。
他因保护海洋的方式比较直接甚至有时有些暴力而进入公众视野。
他曾是绿色和平组织的创始人之一，后来他离开组织并开始自己活动。
他毫不犹豫地用自己的船攻击猎鲸者和捕杀者的船。
他到底是现代海盗还是动物保护事业与海洋环境的恩人呢？

在加拿大时，
小保罗就已经是一个
叛逆的孩子了。

他从那时起就不喜欢加拿大
的捕猎者。

凶手！

他们为了获得
毛皮而杀死
野生动物。

保罗会暗中跟踪他们，摧毁
那些为捕捉貂、水獭、海狸
甚至狼而设置的陷阱。

谢谢你！
你可太
棒了！

他在18岁时加入了海军。他
登上过很多不同的舰船并去
过遥远的海域。

别再做
白日梦了，
快把甲板
擦亮！

他完成了所有的训练。到20
岁时，他已经是一个真正的
水手了！

因为他的海军身份，他自然
成了该组织的一名船员。

准备好
了吗？咱们
一起去保
护鲸！

20世纪70年代初期，保罗为了环保事业积极活动并参与创建了
绿色和平组织。

绿色和平

绿色和平组织的
第一次行动是购买
一艘船来阻止核试验。
这次活动虽然最终
失败了，但船的名字
被保留了下来

22岁！

为了更好地保护鲸以及其他海洋动物，他更喜欢有力的行
动而不是和平示威。

你们明白
我们的诉
求吗？

尊重海洋

撞他们！
捕猎团伙！

保罗，
冷静下
来！

对于赞成无暴力沟通的绿色
和平组织的成员来说，这是一个很严重的问题。

1977年，保罗离开了绿色和平组织并创建了自己的组织。

示威抗议是不够的，我们必须采取行动！

海洋守护者协会

他用自己的船积极地与过度工业捕捞做斗争。

让我们追击捕鲸船！

如今，海洋守护者协会仍然活跃。成员们确定偷猎渔船的位置并阻止他们的行动。他们阻止对鲸、鲨鱼、海豚和海豹的捕杀，并把捕获的红金枪鱼放归大海。

2010年，一搜日本捕鲸船猛烈撞击了海洋守护者协会的一艘船，所幸无人遇难。

砰！

这也太不友善了！

保罗对动物的承诺甚至践行到了饮食上：他成了素食主义者。

特别是不能在菠菜里放黄油！

他不吃任何含有动物成分的食物。

当你看到他的船旗时，你也就不会为他被称为"海盗"或是"环保恐怖分子"而感到奇怪了。

我要给自己戴上头巾，再装上木头假腿！

如今，70岁的保罗仍在国际刑警组织的红色名单上。他不能离开美国。

亚马孙星球

这是一个成立于2012年的法国组织，和保罗·沃森的组织很相似。
组织成员为保护亚马孙雨林以及当地居民而奋斗。
例如，他们曾为阻止在亚马孙河流域建造大坝的项目忙碌。
如今，这个组织要求人们不要过度开发雨林。

他们的行动

1. 让公民对其参与砍伐的森林负责，从而对气候恶化负责。

2. 赋予公司和政治领导人权力，以便敦促项目执行者重视环境保护与原住民的权益。

3. 支持保护森林和防治森林退化的举措。

4. 保护原住民的权利，让他们得以发声。

投身其中的人们

范达娜·席瓦

反抗者

与富人的无所不能做斗争

印度人范达娜·席瓦正在为改变世界的农业和农业贸易而努力。
她的对手是谁？正是一些很富有的人，他们只占世界人口的1%。
范达娜指责他们加剧了农业生产体系的不公平，
这威胁到了生态系统并破坏了以前让人们生活得更好的传统模式。

1952年，范达娜·席瓦出生于印度北部、世界上最高的山脉——喜马拉雅山脚下。

当我长大后，我要住在那片森林里！

她的爸爸是护林员，妈妈是农妇。在范达娜还是小女孩的时候，爸爸、妈妈就教育她要保护环境并尊重世间万物。

年幼的范达娜对当地妇女反对破坏森林的举动印象深刻。当伐木工带着电锯前来，妇女们会冒着生命危险紧紧抱住待砍的大树。

不离开！

离开这儿，否则你们会后悔的。

长大后，范达娜报考了物理专业，但后来她决定致力于生态学以及农业科学的研究。

我们与大自然有着天然的联系，正是因为有大自然我们才能存活。

她深信，为了保护环境，必须保留每个地区的农业传统，种植多样化的农作物。

单一种植某种庄稼会让土壤丧失养分从而无法再养活当地人。大豆、棕榈油、棉花、咖啡或茶都被出口了，大部分收益也都进了富人的口袋。

这1%的超级富豪让我们变得贫穷的同时，还把我们推向灾难。

对范达娜来说，破坏森林、种植我们无法获益的农作物（即使是茶）并使用化肥是与大自然划清界限的行为。

任何认为人类是大自然的主人的想法都只是幻想。

面对大型农业公司迫使农民购买转基因种子和杀虫剂的行为，她发起了一场保护当地天然种子的运动。

不要买别的谷物，就用你们自己的！

她指控那些操控社交网络和互联网商务的公司加剧了事态的恶化。

她还呼吁印度妇女更多地参与到自己国家的发展中来。

别在网络上聊天了，结交真正的朋友吧！

范达娜非常积极地投身于国家的活动中，但她仍然能挤出时间写书。

还能抽出时间去世界各地参加会议以及各种有利于农业发展的运动。

世界上没有其他物种会如此愚蠢，在破坏自己食物来源的同时还认为自己超级聪明。

印度的有机农业

范达娜·席瓦与其他关注生态学的人士认
为，如果不提高许多国家的女性的地位，
就无法改善与自然的关系。

苏巴什·帕雷卡尔是印度的一位农民，他最
开始使用化肥，但后来发现产量下降了。
他成功地从森林生态学中汲取了灵感。他
的"零预算"永续农业的理论如今正被更
多的人了解。

九种种子基金会农场

范达娜·席瓦在当地买了一块不适宜耕种的土地，通过改良，这块土地重获新生。她的农场
变成了"种子银行"，印度和邻国的农民会从九种种子基金会获得种子并种植、繁育。

凯瑟琳·泰勒

绿色和平组织的先驱

出生于1954年的法国人凯瑟琳·泰勒
是欧洲绿色和平组织的先驱之一

她从青春期起就对鲸和海洋充满兴趣，
成年后，她决定加入绿色和平组织。
该组织保护鲸类并谴责海洋污染、核试验以及森林砍伐行为。
为了更好地了解生态学和海洋哺乳动物，
凯瑟琳在20世纪80年代重新开始了学习。

12岁的凯瑟琳在电影院里初次认识了海底世界，并为之惊叹不已。

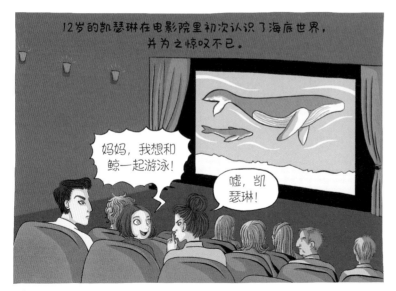

妈妈，我想和鲸一起游泳！

嘘，凯瑟琳！

从那时起，她就立志长大后保护海洋。

为了做好准备，她早早地就参加了游泳班

高中时，她做了一个有关捕鲸的报告……

这让她下决心要保护这些动物。

我感觉如果我不这么做，就没有人会去做了！

别想了，凯瑟琳。咱们去打保龄球吧！

她还关心海洋污染问题，因为人们已经在海洋里发现了塑料垃圾。

告诉你，10年后我们什么都吃。

后来，她想寻找一个组织来加入。因为她那时还不知道绿色和平组织，于是她先与国际地球之友组织取得了联系。这是法国为数不多的保护鲸与海洋环境的组织之一。

1976年，凯瑟琳结婚并在英国定居，她在那里加入了绿色和平组织。

你真漂亮！

绿色和平组织于1971年在加拿大成立，当时在欧洲只有几个伦敦成员。

1978年7月，凯瑟琳参加了反对捕鲸的大规模示威活动。

这些行动促使捕鲸交易在1982年终止。

"彩虹勇士"号是绿色和平组织旗下的舰船，旨在反对核试验。1984年，"彩虹勇士"号在新西兰被法国特勤局击沉。

此事之后，捐款如潮水般涌来，绿色和平组织也变成一个大型组织。

21世纪初期，凯瑟琳在一些商场前参加了名为"虚假时尚"的活动，谴责有毒染料以及剥削工人等时尚背后的真面目。

如今，退休后的凯瑟琳仍是生物多样性的倡导者并一直期待着新一代成员的行动。

保卫自然

为"绿色"与"和平"而奋斗

在凯瑟琳·泰勒加入组织的50年中，有45年她都像其他志愿者一样，致力于改变人们的想法。

28个办事处

在世界55个国家和地区都设有分部，遍布每个大洲、每个大洋

3搜船、300多万名支持者以及3.6万名志愿者！

保护鲸

捕鲸活动由来已久。捕猎者最初使用小船和鱼叉，后来使用捕鱼船和大炮。
1850年时，海洋里还有几百万头鲸。
但在一个世纪后，几乎每个品种的鲸都濒临灭绝。如今，因为绿色和平组织的巨大贡献，捕鲸活动已经大大减少。

谢谢你们！

停止核试验

绿色和平组织的第一次行动是1971年反对美国在阿拉斯加进行核试验。面对这种抗议，美国政府最终放弃在那里进行核试验。无独有偶，1974年，在法国也发生了同样的事情。

为此，他们专程起航去了核试验地区

菲利斯·科马克号

地球之友

"地球之友"创建于20世纪60年代末的美国，并迅速成为国际化组织，1970年还创建了法国分部。这个组织致力于保护环境、反对使用核能及页岩气、反对社会不平等和金融不平等问题。

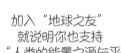

加入"地球之友"就说明你也支持"人类的能量之源与平衡之术都来自大自然"这一观点！

贝努瓦·比托

追求自然的农业经营者

越来越多的农夫像贝努瓦·比托一样放弃了化学农业和机械农业，他们得到了不同的收获

贝努瓦·比托（生于1967年）的农场在法国滨海夏朗德的平原上。与其他相邻的农场不太一样，他的地里并不只种小麦或其他单一的作物，相反，花卉与栽培植物共存，牛羊在田间自由散步。这种生态农业不依赖化学产品，也不需要过度浇水。这种尊重环境的农作方式也能带来非常好的产量。这就是未来的农业！

在40岁才开始的农夫生涯之前，贝努瓦·比托一直在大型农场工作。

如果继续这样我就要疯了！

但渐渐地，他了解到这种体系是反自然的，必须采用其他耕作方式。

答案就是生态农业！

生态农业并不只是绿色农业。

生态农业还是社会性的，因为它要求所雇员工不使用化肥。

我们既能干好活又不会中毒！

它也是很经济的，既不用机械也不用化学用品，成本会相对低一些。

不贵

里面甚至有几只虫子！

100%自然

天然的

通过这种方式合种的不同植物都能生长得很好。在田间种树能够节约水源，节省开支。

无须深耕也不使用杀虫剂，土地养分不会紊乱，会更好地发挥所有的潜力。生物多样性也能保护作物免受病虫害的困扰。

"生物多样性"指的就是我们！

农场动物放牧田间。人们会定期换场地，以防植物被踩坏。

吃草自由万岁！

它们的粪便是天然肥料！

为了成功完成这一转型，必须立刻改变一切！

对于贝努瓦·比托来说，这种转型不是渐进的，而是迅速的。

他关停了所有大型机械，停止购买化学产品和商业种子，并开始用其他方式耕作。

贝努瓦·比托的田地不用杀虫剂或大型机器，看起来和传统的农业方式相似。但他运用的是现代农业知识。

我的镰刀丢了，你看到了吗？

这种方式能让人与自然和谐相处，在收获绿色农作物的同时又能保护环境。

我们拥有比父辈时代更多的劳动力，这比使用大型机械和化学产品更加经济。

如今，贝努瓦·比托的农场正在高速运转，并且没有工业农场的那些问题！

农作物保证没有污染，没有健康以及物种被破坏的风险。

蚕豆

小扁豆

小麦

未来世界的生态农业

不产生污染又能养活我们的永续农业

永续农业支持植物自然生长，不依赖外部添加。人们使用堆肥、动物粪便滋养植物，加强而非减弱生物多样性。

土地与植物结合，阻止全球变暖

新农业管理者不会让他的土地空着，因为这样会排放碳，并加剧全球气候变暖。相反，当土地被植被覆盖时会吸收碳，就算在上面养些牛，对增加碳排放的影响也不会太大（前提是它们不待在同一个地方，以免植物被踩坏）。

> 等给我们换了地方，你们就把能收的都收了吧！

生态农业助沙漠变绿洲

约旦沙漠的土壤极度干燥、贫瘠，盐分也高。澳大利亚人杰夫·劳顿找到了一种能收集空气中少量水分的方法。然后，他种了很多树并用枯枝残叶当肥料。如今，这个地方不再是沙漠，人们在这里可以收获很棒的果实。

之前 ⟷ 之后

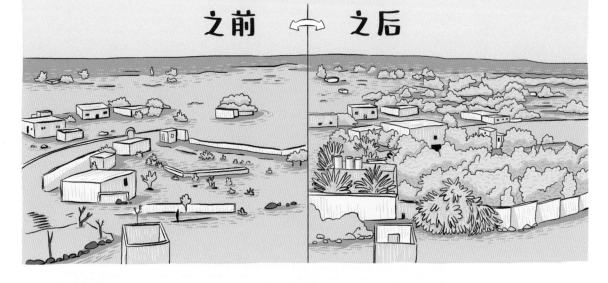

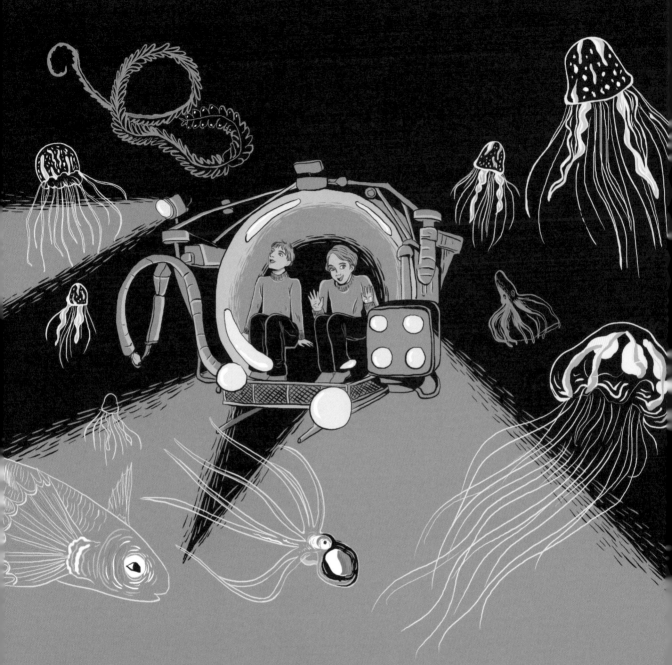

深海之友

克莱尔·诺维安（生于1974年）小时候就曾和父母一同前往北非、亚洲和美国，
她也因此增长了很多见识！后来，她制作了有关自然和动物的电影，
同时继续着自己的旅行。再后来，她对这个星球上最宏大的生态系统——深海，
产生了强烈的兴趣。在海面下2000多米的地方，有一个鲜为人知的世界，
而这个世界已经受到了工业捕鱼的威胁。

克莱尔·诺维安27岁时去往加利福尼亚州的蒙特利湾水族馆报道海洋生物。

她看到了只有在深海才能看到的景像，沉醉于这些令人惊叹的海洋生物······

深海厅

这些生物会发光！

她了解到深海动物不会在明亮温暖并靠近海面的区域逗留。

所有这些动物都生活在黑暗中？

这些动物生活在数千米以下的深海，那里极寒且终年黑暗。

太不可思议了，多美啊！

由于阳光无法照进深海，因此并没有植物能供养海底最深处的居民。大部分动物等着上面掉下来的东西吃。当一头鲸死亡，它的身体会下沉，对于深海生物来说，这将是一场盛宴！

深海从未被阳光照亮，但许多生物都能发出亮光。

可以特别方便地知道自己在哪儿！

克莱尔还发现，能发光的生物比想象中的要多得多。

这里每天都是圣诞节！

事实上，在几乎捕尽所有生活在海洋浅表的鱼之后，大型船只会把渔网放得更深，直到深海。这太残酷了！

当金枪鱼不够时我们就会向更深处捕捞！

不幸

可是我的房子去哪儿了呢？

这个未知的世界已经被捕鱼的人毁了！

深海是很多深水珊瑚礁的所在地，周围孕育着数不清的生命。形成珊瑚礁需要几千年，但是当拖网刮蹭底部时，会在瞬间摧毁一切！

拖网刮底让深海变成了真正的沙漠！

深海捕鱼毁灭的不仅是千年的珊瑚……

人们必须了解的是，为了几种可食用的鱼，人们杀死了几百种生物！

拖网捕捞杀死了大量捕鱼者并不感兴趣的生物。为了得到1吨可食用的鱼，捕鱼者会牺牲掉比这更多的其他海洋生物。

为了阻止这些深海拖网的使用，克莱尔成立了一个组织，在与当局斗争中取得了几场胜利。即使在今天，她仍在为鼓励人们更加尊重其他物种并且更加团结而努力。

生气是正常的，会带给人能量。但不能陷入仇恨中不能自拔。

海洋守卫者

保卫海洋的布鲁姆协会

感谢克莱尔·诺维安创立的布鲁姆协会，正是它的努力，才让欧盟从2016年起禁止深海捕捞行动，并从2019年起禁止电击捕鱼。这种捕鱼方式是用渔网捕捞前，先用电击的形式麻痹鱼类。

电击渔船

蒂托安·贝尼科特保卫太平洋的珊瑚

海面下，热带水域的珊瑚形成的珊瑚礁中孕育着无数生命。但是全球变暖和海洋污染正在让它们走向衰败。为了保护它们并促进其繁育，蒂托安·贝尼科特自己培育了小珊瑚并择优种在适合的地方，他就像海洋园丁一样。

布莱恩·冯·赫尔岑
与巨型藻类并肩

多亏了布莱恩·冯·赫尔岑的褐藻森林，
海洋变暖的速度慢了下来
并诞生了更多的生命！

这次探险要去寻找的主角是一种很大的棕色藻类，名叫巨褐藻。
它长得像树一样，但比树长得快！布莱恩·冯·赫尔岑是一位美国工程师，
他发现巨褐藻能够帮助海洋恢复健康。这种藻类能形成一个真正的水下森林，
恢复生物多样性。它还能去除一部分二氧化碳，
这种气体会使气候变暖并使海洋酸化。

如果人们继续这么做的话，海洋就被毁了！

因为气候变化和污染，海水正在升温并逐渐酸化。

再这样下去，鱼类、贝类和珊瑚都会消失，海洋有变成"荒漠"的危险。

像布莱恩·冯·赫尔岑这样的科学家非常清楚这一情况。

这让他们十分沮丧！

二氧化碳是导致全球变暖的主要气体之一，同时也会造成污染。科学家发现海藻能够吸收这种气体。

是在说我们吗？

巨褐藻也叫"大海藻"，它的生长速度特别快。它们生长在海岸附近，每周可以长3米多！

巨褐藻必须根植在土里。这对布莱恩来说是一个难题，他想在远离海岸的地方种植藻类，但那里的水很深，藻类会远离阳光，而藻类如果照不到阳光就会死亡。

角落里黑黢黢的！

挑战一

来吧,一个小小的挑战!

让藻类生长在海洋中间,远离土壤与阳光。

为什么不能从漂浮藻类中汲取灵感呢?比如马尾藻,它们从来不会缺乏阳光的照射,因为它们总是浮在海面上!

最后,它长得像一把巨大的遮阳伞!

挑战二

让矿物质上升。

矿物质主要来自深海。但是,由于气候变暖,它们上浮到表面的频率大大降低。因此,海藻生长的水质比较贫瘠。

氮、钾······

为了应对这两个挑战,布莱恩·冯·赫尔岑发明了一个浮动装置。

他的解决方案是放置一个泵。他把这个泵固定在水下100—450米之间,泵会把水抽到管道中,让深层的水升高。这种较冷的海水对藻类来说非常有营养。

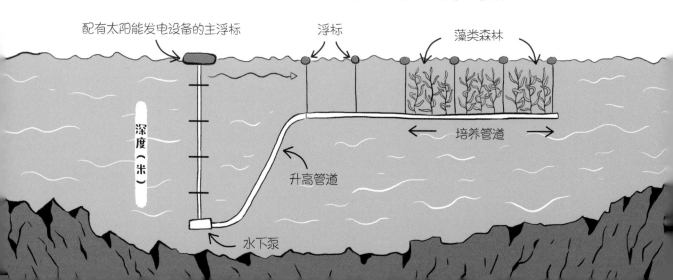

配有太阳能发电设备的主浮标　浮标　藻类森林

深度(米)

升高管道　培养管道

水下泵

第一批漂浮的褐藻森林生长在夏威夷和印度尼西亚的岛屿附近，其他的还在建设中。

我们也能水上冲浪了！

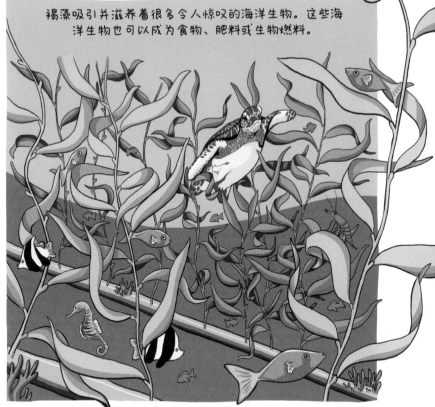

褐藻吸引并滋养着很多令人惊叹的海洋生物。这些海洋生物也可以成为食物、肥料或生物燃料。

应对气候变化与保护生物多样性

布莱恩·冯·赫尔岑在2007年成立了气候基金会。
基金会的成员们参与了世界各地的许多项目，目的是修复海洋环境、保护陆地生物多样性、
应对气候变化以及善待地球。

他们的一些行动

 藻类的永续栽培。

 种植红萍，它能吸收大量的二氧化碳。

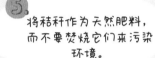 将秸秆作为天然肥料，而不要焚烧它们来污染环境。

阻止珊瑚白化。

 使用生物炭，它能作为肥料并消除二氧化碳。

罗伯·格林费尔德

简单=更多

如何用更少的资源生活?

这是一个出生于1986年的美国人，他的行为震惊了所有人。
他从垃圾桶里找食物，用废品做衣服，用骑行的方式横跨整个美国，
不再穿鞋并用雨水洗澡。而且罗伯·格林费尔德是自愿这样做的！
通过在社交网站上发布自己的日常活动，他证明了人可以用不同的方式生活。
罗伯呼吁人们理性消费，在尊重大自然的同时多去合理利用自然资源。
学会知足是获得幸福的好方法！

在开始旅行前，罗伯学习的是生物专业。

"少"就是"多"！

他是自愿如此简朴地生活的！

为了鼓励我们减少浪费与污染，他用看似疯狂又经常很搞笑的方式生活。

接了雨水就能洗雨水澡！

小小地周游世界一番，看看别处的风景！

他有一个疯狂的想法，那就是把本应扔到垃圾桶里的垃圾收集起来。他把垃圾放在透明的袋子里每天穿在身上，亲眼看着垃圾越攒越多。

每天多加2公斤垃圾，一个月下来真沉啊！

显然，他这副模样走在路上很难不引起关注！

在被垃圾包围后，罗伯·格林费尔德依靠垃圾桶又生活了几个月。

在美国，居然有一半的食物都被扔掉了！

他的食物几乎都是从垃圾箱里找到的，但质量都非常好，没有变质。这表明当地人浪费了不少食物！

唉！反正我什么都吃！

有一次，他把自己所住的街区里的垃圾桶都搜寻了一遍，把当天所有还能吃的东西都找出来摊在草坪上。这些食物足以养活整个村庄！

来享用吧，这些都是从垃圾桶里淘来的！

罗伯出行只骑自行车，他还在佛罗里达州造了一间小木屋。

他不用付租金，但前提是帮助邻居们照顾花园。

必须得用简单的方式耕种。

罗伯在花园里也贯彻他的极简策略……

他并不翻土，而是回收植物废料，把能相互助长的植物种在一起，把需要庇荫的植物种到树叶茂密的地方。所有的一切都在自然生长，没有任何人为干预。

他只吃自己种的或是从当地公园里淘来的食物。

今天有什么好吃的？

罗伯家没有水龙头。他用收集的雨水作为饮用、洗手、洗澡以及浇灌植物的水源。

水资源非常宝贵，不要浪费！

他鼓励我们节约用水，检查并修理水管，防止渗漏。

罗伯选择了极简生活！

我没有拼命赚钱去买无用的东西，而是简化我的生活，做自己喜欢的事情。

出于健康和安全的考虑，我们不用像他一样生活，但他的行为激励了我们。让我们像他一样选择"自愿简单"吧！

皮埃尔·哈比: 农业哲学家

皮埃尔·哈比是法国有名的"自愿简单思想"的追随者。
他的实践比罗伯·格林费尔德还早开始50年！他把这种生活方式称为"意识的觉醒"。
他给我们示范了如何用简单的生活方式接近自然、
倾听地球的声音以及尊重他人。

农业生态学与农业伦理学　　　保持好奇心

经济的迁移　　　　　　　　　乌托邦的化身

女性是变革的核心　　　　　　人道主义的实践

　　　　　　　　　　　　　　在理性的基础上生活

佩得内拉·齐古卜拉

为大象而战

佩得内拉·齐古卜拉和阿卡辛加巡逻队
一起保护津巴布韦的野生动物

为了防止有人猎杀大象，30岁的佩得内拉·齐古卜拉手持步枪，
在非洲的丛林中巡逻。这位年轻的津巴布韦人是纯女性巡逻队
阿卡辛加最优秀的成员之一！
佩得内拉身兼两个任务，既要招募队员又要训练新兵。
加入这个组织从事高危工作的通常是身处困境的妇女，这是她们既能摆脱困境
又能保护非洲野生动物的方式。

一场真正的战争正在非洲大自然中打响，那就是象牙之战。

有人要抢走我的长牙

偷猎者通常是普通村民，猎杀大象比种地更挣钱。

我是为了养活家庭！

可我也有家庭啊！

象牙贩子从他们手里买走珍贵的象牙。

然后他们再高价卖到其他国家。

偷猎者不怕被逮捕，因为守卫者的数量并不多。另外，他们装备精良，很多偷猎者会毫不犹豫地杀掉对抗自己的人。

但在津巴布韦，新的守卫者正在英勇地抵抗他们！那就是阿卡辛加巡逻队的女子们。

住手！我们在这儿呢！

她们一律剃光头，穿着士兵一样的衣服，熟知如何战斗、伪装，如何让偷猎者缴械投降并逮捕他们。

这些战士都是生活艰难的失业妇女，她们当中的大多数是孩子的母亲。

我的丈夫殴打我。我离开了他，我想摆脱这一切！

她们加入阿卡辛加组织是为了找到一份工作，养活自己的孩子，并想为保护自然出一份力。

这些女人正在执行以前属于男人的任务。

伙计们，我保证偷猎行为会在咱们村里消失。

而偷猎者在知道她们成为守卫者后会威胁她们。

小心我烧了你们的房子！

我不怕！

她们为什么从事如此危险的工作？

因为她们有强烈的意志来摆脱痛苦和困难。

保护野生动物对我来说就是创造一个未来。

尽管这项工作非常危险，但她们都感到很幸福，并很自豪能在社会中扮演这么重要的角色。

另外，与很多人的想法相反，这些女性都是非常优秀的守护者！

我们完全信任她们！

她们勇敢又有耐心，能抵抗压力和危险，且具有很强的保护本能。

我像爱自己的孩子一样爱这些大象！

其他的非洲女性守卫者

南非的"黑曼巴"

"黑曼巴"是一种极具侵略性并且移动迅速的蛇。2013年成立的黑曼巴组织是非洲第一支完全由女性组成的反盗猎团队。这些女性保护大草原上的狮子、大象和犀牛，使它们免受偷猎者的伤害。

肯尼亚的"母狮队"

这些守护者都是马赛女性。她们在肯尼亚和坦桑尼亚的边界保护国家公园中的野生动物和居民，并帮助马赛族群守护他们的土地与传统。

博扬·斯雷特

海洋清洁工

1994年出生的博扬·斯雷特是一位来自荷兰的发明家他的目标是消除海洋里数十亿吨的塑料垃圾

为了实现这一目标，他设计了一个类似"巨型漏斗"的系统装置。
与此同时，他还开发了一个大型装置来净化流入海洋的水流，
以期从源头上解决这个问题。

不难发现，海洋里的塑料垃圾太多了。

你只需要像博杨·斯雷特16岁时那样，在一些海滩散步或在海中浮潜，就能发现随处可见的塑料垃圾。他就是因此萌生了自己的职业理想。

这里的塑料袋比鱼还多！

人们为了减少塑料垃圾已经做了很多努力，但这还远远不够。

是挺色彩缤纷的，但没什么可吃的！

而且我也不喜欢这种臭味。

只有一小部分会被回收再利用（全球约10%），其余的会被焚烧、填埋或堆积在野外。

最后就会流入海洋。

啊！这儿可不是垃圾场！

你觉得这里面会有能吃的东西吗？

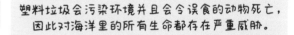

是的！每年会有大约一千万吨塑料垃圾被直接倾倒或经水流汇入海洋。

各种大小不一的碎片会集中在被称作"塑料岛"的地方。

全世界的海洋里共有5个

下面还有更多垃圾

塑料垃圾会污染环境并且会令误食的动物死亡，因此对海洋里的所有生命都存在严重威胁。

西蒙！

唉，我吃了太多垃圾！

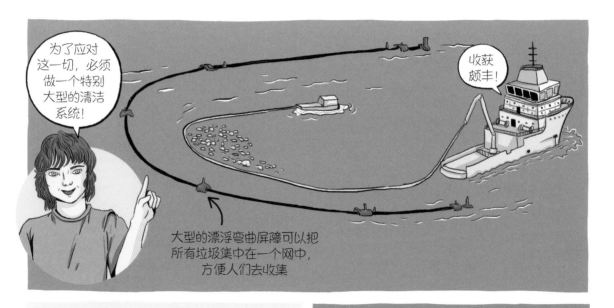

为了应对这一切，必须做一个特别大型的清洁系统！

收获颇丰！

大型的漂浮弯曲屏障可以把所有垃圾集中在一个网中，方便人们去收集

2017年，博杨在北海测试过这个清洁系统后就把它安装在最大的塑料岛附近，也就是北太平洋上。但它又暴露出太多的技术问题，所以博杨需要不断改进这个发明。

当人们告诉我这是不可能的时候，我特别想去证明他们是错的。

2019年，他带着更强大且效率更高的发明成果回来了，这个最新的清洁系统不会挡住海洋动物。新系统在一年内就收集了200多吨垃圾。

海洋清理项目

不错哦！这个非常适合装饰我的卧室！

博杨是个才思从不会枯竭的发明家，他力求战胜那些顺流而来汇入海洋的塑料垃圾。他发明的太阳能船可以把水中的垃圾吸走并打包。

清洁海洋当然好，但如果不把大海弄脏就更好了！

塑料岛上的一些垃圾是可以回收再利用的。它们其实可以作为一些产品的原材料来使用，比如制作优雅的太阳镜。

我的眼镜是从很远的地方来的！

它闻起来有一股鱼的味道。

海洋守护者

海洋清理组织

为了实现自己的目标，博杨·斯雷特创建了一个名叫"海洋清理"的组织。这个组织能够帮助他筹集资金、招募团队并寻找工业合作伙伴。

他们的一些行动

1. 发明并实践海洋及河流的清洁技术。

2. 清除海洋中90%的漂浮塑料垃圾。

3. 回收塑料垃圾，废物利用。

"海洋清洁员"计划

这个计划是由瑞、法双国籍的航海家伊万·布尔农及其合作者一起提出的。他们会一起帮助博杨·斯雷特清理海洋垃圾！他们的巨型帆船"蝠鲼"号不仅能收集垃圾，还是一个能将塑料转化为能源的加工厂。

关于作者

埃里克·马蒂韦是一位生物学家，他还是神经科学方面的博士。
在法国科学研究中心，他先是研究野生动物的行为，
后来又转为研究人类婴儿的面部识别。
他还担任杂志的发行和编辑工作，
撰写过30余部儿童读物。

玛琳·诺曼出生于巴黎。在系统地专业学习之后，
她成为出版社的艺术负责人以及插画师。
她对大自然充满热情。